JN116690

うさことば辞典

絵・森山標子

グラフィック社編集部 編

はじめに

"binky"という英語のスラングを
ご存知ですか?
うさぎがジャンプで幸せや喜びを
表す姿のことです。

この言葉を知ったとき、
世界中のうさぎ好きが
うさぎを愛しく見ながら、
それまでにない言葉や言葉の使い方を
編み出さずにいられないのだということに
共感して、うさぎを通じて
世界が広がる喜びを感じました。

この本には、
家の中でうさぎと共に暮らす
現代のうさ飼いさんから、
野山を駆ける美しい野生動物として
うさぎを見ていた昔の人々の言葉まで、
いろんな「うさことば」が詰まっています。

このすてきな感覚をあなたと、
そして、もしいるなら
あなたの大切なうさぎさんと
共有できたらいいなと思っています。

森山標子
Schinako

もくじ

1章／うさ飼いさんのうさことば

2章／日本のうさことば

3章 ／ 世界のうさことば

column

1 章

うさ飼いさんのうさことば

人がうさぎを飼うようになったのは、
紀元前750年、ローマ時代以降と言われています。
はじめは毛皮や食用のために飼っていましたが、
その後、愛玩用として品種改良が多く重ねられるようになり、
近年、ペットとしてのうさぎとの生活が浸透してきました。
うさぎは犬や猫と違って、完全な草食動物です。
牧草をおなかいっぱい食べて、
たくさん運動する必要があります。
うさぎという生き物ならではの独特のしぐさや
生態にまつわる動作もたくさんあります。
そんなうさぎの生活を、
よりわかりやすく、より身近に感じられるように、
うさぎ愛好家の方が数々の特別な言葉を生み出しました。
本書では、先達のうさぎ愛好家のみなさんに敬意を払い、
僭越ながらそうしたうさぎにまつわる言葉を「うさことば」
と呼んでいます。
この章では、うさぎを飼う人、
通称「うさ飼いさん」たちが、
うさぎとの生活の中で生み出した言葉を紹介します。

うたっち

うさぎが後ろ足でまっすぐ立つ、

「うたっち」。

もともとは野生下で、

周囲に危険がないかを確認するために

生まれたしぐさです。

目線を高くして、

まわりをしっかり見渡します。

両耳をピンと立て、

遠くの音も聞きもらしません。

飼い主さんにかまってほしいときに、

うたっちでアピールすることもあるようです。

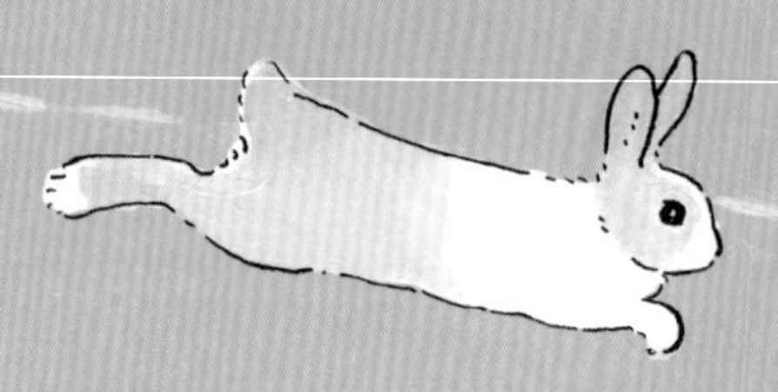

うさダッシュ

それまでおとなしかったうさぎが、
突然、ビュンッと走り出すさま。
たくさん走れる環境が楽しくて、
しかたがないみたい。
草原を駆け回る暮らしをしていた
うさぎにとって、
走ることは最高の遊びのようです。

うさキック

うさぎの体のお手入れをしているときに
突然起こる、うさキック。
必要なことだから少しだけ我慢してほしいけれど、
「嫌なことは嫌」ときちんと伝える、
はっきりした性格も、うさぎの魅力のひとつ。

カクカク

おもちゃやぬいぐるみの上に乗って、腰をカクカク。
オスがおとなになった証でもある、
繁殖行動のひとつです。
単純に興奮して行うことや、
上下関係を示すためにメスがやることも。

足ダン

後ろ足を床に打ちつけて、ダン!!
もとは野生で敵が近づいたことを知らせるために
穴の中でしていたしぐさと言われています。
確かにあの大音量なら、仲間にもしっかり伝わるはず。
今ではかまってほしいときに足ダンすることもあるようです。

8の字

飼い主さんの足元をぐるぐると走り回るしぐさ。
よく見ると、全体で8の字を描くように走ります。
なぜ8の字なのかはわかっていませんが、
とにかくうさぎがうれしい気分、
ということだけは間違いないよう。
うさぎからの「大好き」「たくさん遊ぼう！」のサインです。

ホリホリ

野生のうさぎは土を掘って巣穴のおうちを作ります。
硬そうな土も、二本の前足を器用に動かしてホリホリ。
飼われているうさぎに、今もこの本能が残っています。
どんなフローリングもクッションも
うさぎにとってはホリホリせずにはいられないものみたい。

雑巾がけ

ホリホリのあとに出た土を、きれいにならすしぐさと
言われています。前足に体重をかけて、
スイスイと土をならします。布の上でやるうさぎが
多いので、まるで雑巾がけのように見えるしぐさです。

うさんぽ

うさぎとお散歩するから「うさんぽ」。
長年うさぎを飼ってきた人たちが紡いだ
なんともかわいい言葉です。
でも、外には危険がいっぱい。
大事なうさぎさんが危なくないよう、
慎重に、慎重に。
向いていないうさぎさんも多いので、
よく見きわめてからやりましょう。
うさんぽの向き不向きも
百兎百様です。

へやんぽ

お部屋の中のうさんぽは、通称「へやんぽ」。
たくさん動いて遊びたい、うさぎたちには欠かせません。
へやんぽは、うさぎの健康を守る大事な時間。
いつものケージより広い空間で遊べることが、
うさぎの心を弾ませます。

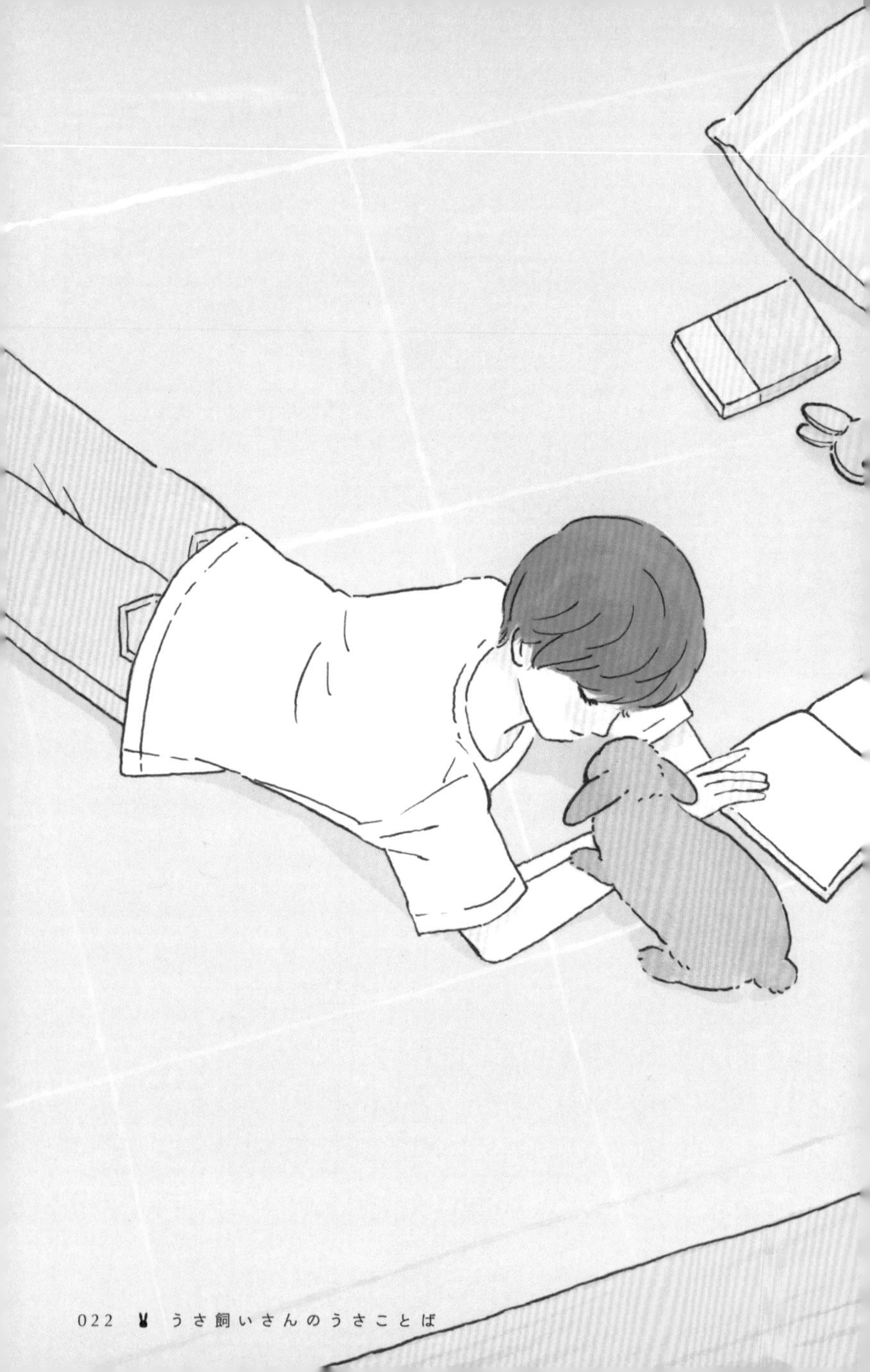

ペロペロ

うさぎと一緒に過ごしているときに
ふいに舌でなめてくれることがあります。
それは、あなたのことが好きという、
うれしいメッセージ。
うさぎをなでると、
「お返しだよ」と
飼い主さんの手を
なめてくれることもあります。
「もっとなでて」のときもあるようですが、
どちらも大事な
うさぎからの愛情のサインです。

床ペロ・寝ペロ

なでられて気持ちがよくなったうさぎは、
どんどん興奮状態に。
興奮が高まると、口の近くにある床や
自分の前足をペロペロしはじめることがあります。
「気持ちいい〜」とうっとりしている
うさぎが見られるのも、あなただけの特権です。

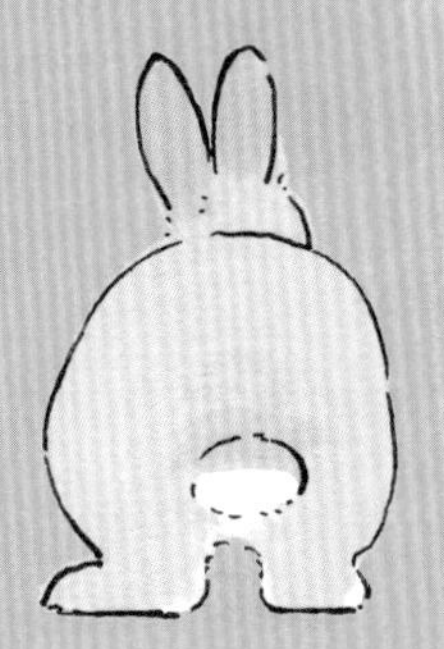

しっぽプルプル

興奮するとしっぽを振るうさぎがいます。
うさぎはしっぽで感情表現をしない動物なので、
思わずしっぽにも興奮が出ちゃった、
というところでしょうか。
ほかにも集中しているとき、喜んだとき、
走り出す前、トイレに行く前など。
しっぽとうさぎの心の関係性は
まだわかっていないことが多いようです。

うさジャンプ

ごきげんなときは、飛んで、跳ねて、うさジャンプ！
その場で垂直にピョン！と高く飛ぶさまは、
一部の飼い主さんからは
スーパーボールにそっくりと言われているとか。
ときにはフィギュアスケートの選手のように
体をひねって華麗な回転ジャンプも披露してくれます。

興奮がピークに達すると、
うさダッシュ（10ページ参照）と
合わせて部屋中を駆け回ります。
空中で後ろ足をエアキックしたり、
技の数はうさぎの数だけあるのかも。
ごきげんな姿は見ているこちらも楽しくなります。

するめ食い

うさぎの健康に欠かせないのが、牧草。
いつ敵に襲われるかわからない
暮らしをしていたうさぎだから、
牧草を食べるときもまわりをしっかり見ながら、
もぐもぐもぐもぐ。
うさぎは真剣に食べているようだけど、
牧草が口からはみ出て、
なんだかするめを食べているみたい。

巣作り

いつもムシャムシャ食べる牧草を、

急に口にくわえてどこかへ運び出す……。

牧草は、生まれる子うさぎの寝床になる巣材です。

新しい巣を作るための行動ですが、本当に妊娠していない、

「偽妊娠(ぎにんしん)」でも巣作りをすることがあります。

うさぎのごはん

飼われているうさぎの食べ物を紹介します。

牧草

一年を通じて入手可能な牧草は、飼われているうさぎの主食に最適です。もともと野生下ではたくさんの野草を食べる生き物なので、うさぎの健康には牧草が欠かせません。代表的な種類はイネ科のチモシー。ほかにも、同じイネ科のオーツヘイやマメ科のアルファルファなどがあります。

野菜

副食として与えたいのが、野菜。ビタミンやミネラルなどの栄養面が優れているだけでなく、さまざまな色や形、食感の野菜を食べることで、うさぎの食生活が豊かになります。旬の新鮮な野菜を食べることはうさぎたちにとっても楽しいもの。

果物

甘くておいしい果物は、うさぎの大好物になる場合も。食物繊維のほか、牧草・野菜からは摂取できないビタミンも豊富です。肥満や虫歯の原因になるので、あげる場合はごく少量に。

うさぎが食べられる野草

もとは野山で暮らしていたうさぎ。
新鮮な野草はうさぎのおやつにぴったり。

タンポポ
キク科

日本に昔から生えている在来種は春だけ花を咲かせます。外来種のセイヨウタンポポは一年中開花します。

ナズナ
アブラナ科

別名ペンペン草。春から夏に白い花とハート形の実をつけます。

オオバコ
オオバコ科

葉の中心に花穂（かすい）をつけた茎が立っています。葉も種子も食べられます。

シロツメクサ
マメ科

別名クローバー。通常、葉は三つ。四つ葉を見つけたらいいことがあるかも。

ハコベ
ナデシコ科

春の七草ではハコベラと呼ばれます。春は小さな白い花が咲きます。

ヨモギ
キク科

葉の裏面に白い毛があるのが特徴。春の若芽は柔らかく、うさぎと人の好物です。

クズ
マメ科

秋の七草の一つで、葉が大きいつる性植物。秋に紫色の花が咲きます。

クワ
クワ科

葉には独特の苦味がありますが、好んで食べるうさぎも多くいます。

レンゲソウ
マメ科

別名ゲンゲ。
春にピンク色の花が咲きます。花には少量の蜜があり、レンゲ蜂蜜が有名です。

クレオパトラ座り・スフィンクス座り

スフィンクス座りは、前足だけ伸ばした状態で座っている姿。
クレオパトラ座りは、上半身がスフィンクス座りで
下半身は横にだらんと伸びた状態。
どんな座り方でも顔だけきりっとしていることが多いから、
どこか王族のような気品が漂います。

箱座り

前足を体の内側にしまって、
まん丸の姿になる、箱座り。
すぐに動くことができない姿勢は
リラックスしていることを表しています。

さらに耳も後ろにぺたんと倒して、
目を細めてうとうと……。
箱座りで寝る姿は
うさぎが安心している、幸せな姿ですね。

カジカジ

人間が物を触って確かめるのと同じように、
うさぎは物をかじって確かめる習性があります。
へやんぽ中も、気になるものはつい、カジカジ。
ついた歯型は「うさぎのサイン」と
飼い主さんたちに呼ばれています。

コリコリ

ごきげんなうさぎをなでているときに聞こえる、
小さな聞きなれない音。
うさぎはごきげんなときに、歯をこすり合わせて
コリコリという音を立てることがあります。
なでている手にかすかに伝わる、歯ぎしりの振動が心地いい。

ヒクヒク

においチェックはうさぎの大事なお仕事。
鼻を小刻みに動かして、いろんな場所を確認します。
気になるものは、顔を近づけてヒクヒクヒクヒク。
高速で鼻を動かすときは、よっぽど気になるものを
見つけてしまったみたいです。

クシクシ

全身をペロペロなめて、
念入りに毛づくろいを行います。
前足で顔をていねいに洗うしぐさは
クシクシと呼ばれています。
絵の中にも、いろんなクシクシが隠れているかも？

耳洗い

両前足で耳をはさんで、

ていねいにお手入れ。

その姿はまるで、

長い髪を櫛でとかす女の子にそっくり。

女の子にとって

髪がすごく大事なように、

うさぎにとっても、

耳はいろんな音を聞くための

大事なところ。

ていねいに、ていねいに、

いつもお手入れを欠かしません。

だら〜ん

こんなに足、長かったかな？

と思うくらいに足も体もだら〜んと伸ばして眠るのは

とってもリラックスしている証拠。

おなかを地面にぺたりとつけることもあります。

安全な家の中、やさしい飼い主さんのそばで安心、安心。

バタン

さっきまで走り回っていたのに、
突然、バタン！と大きな音とともに横になるうさぎの姿。
あまりにも急に倒れ込む姿に驚いてしてしまいますが、
うさぎとしては、ただ自然に横になっているだけ。
チロ目（白目）も見せて、ちょっと余裕そう。

ちゃぶ台返し

フード皿をひっくり返すところが
昔の日本のお父さんの必殺技「ちゃぶ台返し」に
そっくりなので、こう呼ばれるようになりました。
お皿をひっくり返すのは、ごはんに不満があるからとか
ただ遊んでいるだけとか、
うさぎの数だけ理由があるみたいです。

耳ピン

耳に力を入れて、ピン！と立てているときは
気になる音が聞こえたとき。
周囲をちょっと警戒していることもあります。
たれ耳のうさぎも、耳は立たないけれど
音のする方に耳や顔を動かします。

鼻ツン

飼い主さんに伝えたいことがあるときは
小さな鼻を軽く押し付けて、
ツンツン。
「ねえねえ」と話しかけているみたい。
ちょっとかまってほしいときに
うさぎがよくやるしぐさです。
ときには
「ちょっとどいてよー」と
不満を伝えることも。
そんなときは少し強めの力の
鼻ツンになってしまうみたい。

プウプウ

うさぎは鳴かない動物だけれど、
うれしいときは、鼻を鳴らすようなプウプウという音が
漏れ出てしまいます。プスプスやピスピスと聞こえることも。
「遊ぼう」「もっとかまってよ」と、
鳴かないうさぎからの小さな音のメッセージです。

ブーブー

怒ったときはブーブー！ブッブッ！

こちらも鼻から出る空気の音です。

この音が出るときは、かなり怒っている証拠。

しばらく落ち着くまで

手を出さずにそっと見守るしかありません。

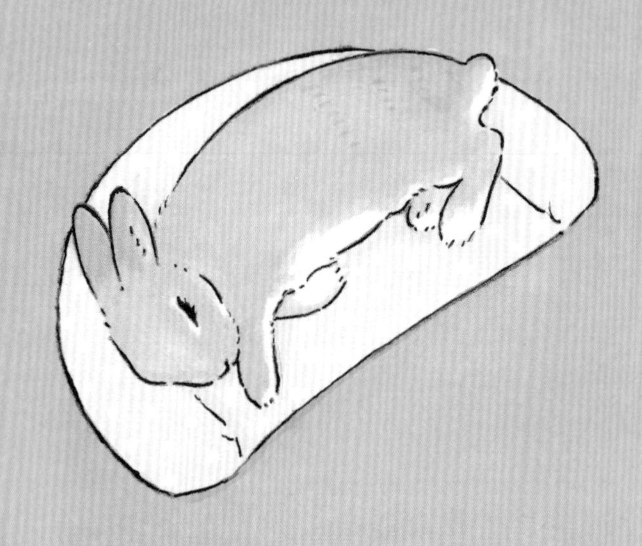

スヤスヤ

野生ではいつ敵に襲われるかわからないため、
いつでも動けるように目を開けたまま眠ることもあります。
飼い主さんと暮らすうさぎのほとんどは、
寝るときはかなりリラックスしているみたい。
小さないびきが聞こえる日もあるようです。

マフマフ

おとなのメスうさぎの首のまわりにある、りっぱなマフ。

肉垂（にくすい）とも呼ばれます。

出産や冬を越す際のエネルギー源という説や、

巣作りの際にマフの毛をむしって巣材にするという説も。

おとなの魅力が詰まったマフマフです。

Yの字

うさぎの顔の中にアルファベットの文字が
隠されているの、知っていましたか？
さあ、うさぎの小さな鼻と口に注目。
よーく見ると、
ほら、Yの字！

たれ耳

長い長いうさぎの耳がぺたんとたれた、たれ耳うさぎ。

たれ耳は品種改良で生まれたキュートな姿。

どこかおっとりとして見えるけれど、

中身はもちろん立ち耳と同じうさぎ。

耳だってちゃんとよく聞こえています。

美脚

うさぎはたくさん走る生き物。

だからしなやかな筋肉のついた、

細くて長いスラリとした美脚を持っているのです。

ゴロゴロ寝ていることもあるけれど

たまに見せる美脚に、どきっとしてしまいます。

モフ充

モフモフのうさぎとたくさん過ごせる充実した生活──。

略して、モフ充。

うさ飼いさんたちの間でささやかれるこの言葉、

うさぎを大事に思う幸せな気持ちがたくさん詰まっています。

モフ充、していますか？

うさ吸い

ふわふわのうさぎの体に
顔をうずめて深呼吸。
体の中にうさぎを取り込むような気持ちで、
大きく息を吸い込みます──。
信頼関係がきちんとある
うさぎと飼い主さんの間だからできる
秘めやかな儀式、
うさ吸い。
うさぎもどうぞ吸ってください、と
おとなしく吸われている姿が
とても崇高です。

お月さまに帰る

月にはうさぎが住んでいる
という言い伝えから、
うさぎが亡くなることを
「月に帰る」と表現するようになりました。

とても悲しいことだけれど、
人とうさぎは命の長さが違うから
私たちがお見送りをしなければ。

でも、大丈夫。
夜空のお月さまを見上げてみて。
いつでもそこに
あなたのうさぎが待っています。

column

A ネザーランドドワーフ

B ホーランドロップ

C ミニレッキス

うさぎの品種図鑑

飼えるうさぎは世界に約50種類。
その中でも、代表的なうさぎたちを紹介します。

A…短い立ち耳と、丸く大きな顔が特徴。コンパクトな体つきで短毛。飼われているうさぎの中では一番数が多い人気者。／B…たれ耳うさぎの中では一番人気の小型種。目の真横についたたれ耳と頭頂部のフワフワの毛「クラウン」が特徴。／C…ビロードのような、なめらかでツヤのある美しい毛並みの持ち主。レッキスという大型種を小型種に改良したうさぎ。

D ドワーフホト

E ライオンヘッド

F アメリカンファジーロップ

G ジャージーウーリー

D…真っ白な体に、目のまわりだけアイラインを引いたような模様がおしゃれなうさぎ。目のまわりはブラックまたはチョコレート色。／E…ライオンのたてがみのような、顔のまわりを円形に覆うふさふさの長い毛が特徴。2014年にできた、比較的新しい品種。／F…長毛のたれ耳うさぎ。ファジーは綿毛を意味する言葉で、ふわふわの体がまるでぬいぐるみみたい。／G…わたあめみたいなもふもふの長い毛が特徴のうさぎ。ネザーランドドワーフによく似た顔つきもキュート。

H…顔のまわりや耳の先までふさふさの毛に覆われた毛むくじゃらのうさぎ。毛に隠れて目が見えないところもかわいい。／I…黒と白のツートンカラーがおしゃれなうさぎ。丸みのある背中と長めの立ち耳がかっこいい。／J…体は真っ白で耳、鼻先、足先、しっぽに色がついているのと、赤い目が特徴。ほかの品種より胴が長い体つきも魅力的。／K…ハーレクインとは道化師という意味。その名の通り、顔の半分に2つの異なる色、体には縦縞入りの不思議な模様のうさぎ。

L フレミッシュジャイアント　M イングリッシュロップ

N ジャパニーズホワイト　O ミックス

L…体重10kgにもなる、大きな大きなうさぎ。15㎝ほどの長い立ち耳とがっしりとした体が魅力的。おだやかな性格。／M…世界一長い耳を持つ、たれ耳うさぎ。その耳の長さは50〜70㎝以上とも。別名は「キング・オブ・ファンシー」。一番最初のたれ耳うさぎの品種。／N…真っ白な毛並みと赤い目が特徴。日本白色種とも呼ばれる、日本独自のうさぎ。秋田には10kgを超える改良種も。／O…さまざまな品種がまざったうさぎのこと。特徴はまさに、十兎十色。日本では「ミニウサギ」と呼ぶことも。

2 章

日本のうさことば

古くから日本には、野生のうさぎが暮らしていました。
自然と共に暮らしてきた日本人にとって、
うさぎは今よりもずっと身近で、
親しみ深い生き物だったに違いありません。
この章では、日本のうさことばを紹介します。
ことわざや慣用句だけでなく、
植物や地名など、うさぎの名前がついた言葉は盛りだくさん。
中国から伝わったと思われる言葉もたくさんあります。
和のうさことばを感じてみてください。

玉兎（ぎょくと）

中国には月にうさぎが住んでいるという
伝説があります。
「玉兎」は月を表す異名。
月と対になる太陽の中には、
3本足のカラス、「金烏（きんう）」がいるとか。
「金烏玉兎（きんうぎょくと）」で、太陽と月を表します。
月にうさぎがいるという伝説は
中国だけでなく、インドやメキシコ、アメリカなど
世界各地に残されています。

羽（わ）

うさぎを数えるときは、1羽、2羽、3羽……。
鳥を数えるときと同じように、羽の字を用います。
長い耳を鳥に見間違えたからという説や、
昔は獣を食べることが禁じられていた僧侶が、
うさぎを食べるために
二本足で立つうさぎは鳥だとこじつけていた、
という説などがあります。

けれど、はっきりとしたことはわかっていません。
英語では動物の群れを1単位として数えることがあります。
魚の群れは“a school of fish”(魚の学校)と表現します。
うさぎの群れを数えるときは、
“a colony of rabbits”もしくは“a nest of rabbits”。
“colony”は集団や村、“nest”は巣という意味です。
巣の中で寄り添ううさぎたちが眼に浮かびます。

脱兎（だっと）

脱兎とは、逃げだすうさぎの様子を表したもの。
とても速いものを表すときに使われます。
もとは中国の孫子の兵法の中に出てきた言葉で、
「脱兎のように攻撃すれば敵は防御できない」という意味。
すばやく走る動物はたくさんいるのに、
うさぎが選ばれたのは、
もしかして名誉なことなのかもしれません。

海兎貝（うみうさぎがい）

サンゴ礁に住む、白い光沢がとてもきれいな貝。
日本では紀伊半島より南の
太平洋やインド洋に生息しています。
貝の丸いふくらみが背中を丸めた白いうさぎに
似ていることからこの名前になったという説があります。

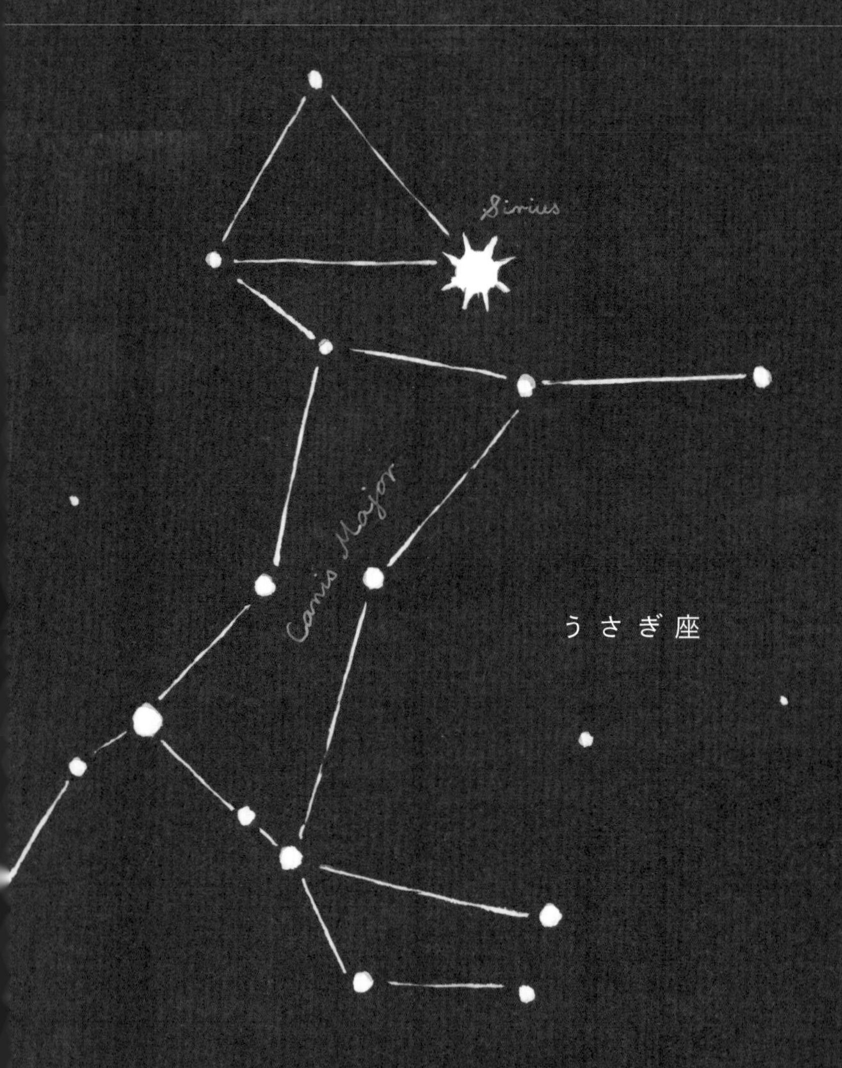

うさぎ座

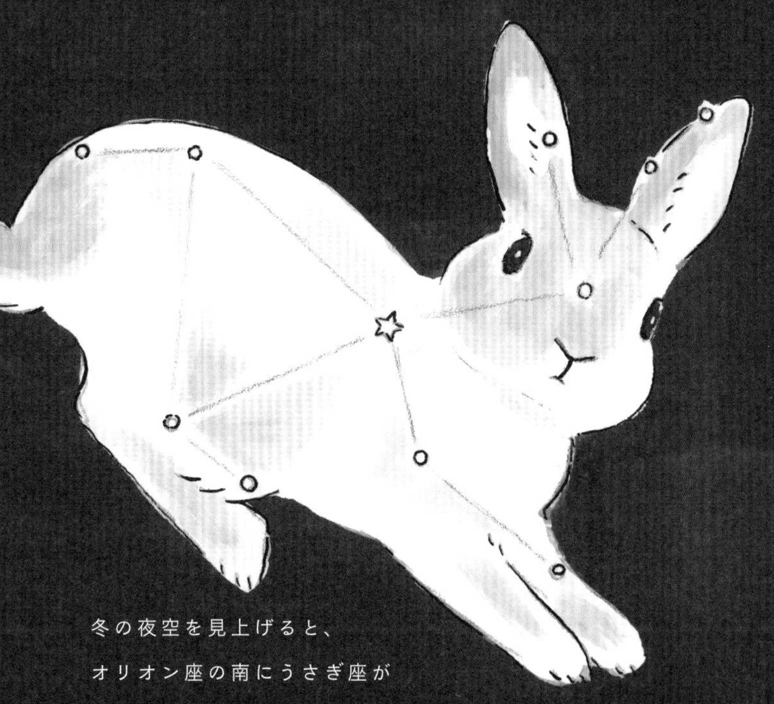

冬の夜空を見上げると、
オリオン座の南にうさぎ座が
輝いています。星座の中で一番明るいのは、
ちょうど体の真ん中にある3等星の恒星、アルネブ。
アラビア語でうさぎを意味する言葉です。

白兎(はくと)海岸

古事記「因幡(いなば)の白兎(しろうさぎ)」の
舞台とされる、
鳥取県にある白兎海岸。
神様の大国主神(おおくにぬしのかみ)と兄弟が、
因幡の国に住む八上比売(やかみひめ)という
お姫さまに求婚する物語。

白いうさぎは
大国主神の誠実さを表す、
物語の大事な鍵を
握っています。

白兎駅

山形県の長井市にある、白兎駅。

その昔、とある高僧が白いうさぎの導きで山に登り、

神社を建てて祀ったという伝説が残っています。

今もこの地域では白うさぎは神様の使いとして

大事にされています。

うさぎの名前がついた植物たち

ふさふさのしっぽ、長い耳、きれいな瞳……。
特徴がいっぱいのうさぎの姿は、植物の名前にもなっています。

兎菊（うさぎぎく）

キク科の高山植物。葉の形がうさぎの耳に似ていることから名前がつきました。エゾウサギギクやオオウサギギクも。

兎羊歯（うさぎしだ）

夏緑性のシダ植物。落葉したあとの葉柄に残る模様がうさぎの口に似ていることに由来します。

兎の尾

イネ科のラグラス属。属名のラグラスとは、ギリシア語で野うさぎのしっぽという意味。ふわふわの花穂（かすい）が小さなしっぽのよう。英名はラビットテールグラス。

兎苔（うさぎごけ）

タヌキモ科の多年草。花の大きさは3㎝ほど。花の形がうさぎの顔にそっくりなためこの名前がついたけれど、実は食虫植物！　アフリカの岩山に生えます。

兎隠し（うさぎかくし）

スイカズラ科のツクバネウツギという植物の別名。落葉性の低木で、生い茂るといかにも野うさぎが隠れていそうな藪になるため、こんな別名がつきました。

ラビットアイ・ブルーベリー

ツツジ科のブルーベリーの一種。実が熟す前にうさぎの目のように赤くなることからこの名前がつきました。

ラビットフット

葉の斑点がうさぎの足あとに似ていることから、英名はラビットフット。和名はモンヨウショウ（紋様蕉）。葉っぱの模様が印象深い植物です。

バニーイヤーズ

メキシコの高原に生えるサボテン科の一種。日本ではオプンティア・ミクロダシスや金烏帽子とも呼ばれます。葉がうさぎの耳のようにペアで成長するのが名前の由来。

月兎耳　黒兎耳　福兎耳

いずれもカランコエ属の多肉植物。月兎耳は茶色い斑に白い細かなうさぎのような毛が特徴。同じ仲間に黒いラインが入った黒兎耳もいます。福兎耳は平べったい葉に、もっとふわふわの白毛とフェルトのような質感。

モニラリア・
モニフィリウム

ハマミズナ科の多肉植物。和名は碧光環。伸び始めの状態がうさぎの耳にそっくりなので、通称「うさ耳」として売られることも。成長すると、うさ耳らしさは少なくなります。

兎の登り坂

うさぎは後ろ足の発達した筋肉で、
どんな坂でもすばやく
しっかりと登ることができます。
そんな無敵状態で坂を登る
うさぎの様子から生まれたことわざが、
「兎の登り坂」。
良い条件の中で物事が順調に進むこと、
一番得意な場所で
力を発揮することのたとえです。

兎の昼寝

イソップ物語の「うさぎとかめ」からきたことわざ。
うさぎが昼寝をしたことでかめに負けてしまったため、
油断をして思わぬ失敗をすることを意味します。
イソップ物語は室町時代に日本に渡り、
『伊曽保物語』として古くから親しまれてきました。

兎波(うさぎなみ)を走る

さざなみが立っている水面に、
月が映っているさまを表した言葉。
波が白く輝く様子が、うさぎが走っているように
見えることから生まれました。
仏教では、うさぎは象や馬に比べて
水の中に入らないことから、
悟りがまだ浅い人のことをたとえて言うことも
あったようです。

兎(う)の毛で突いたほど

細くてやわらかなうさぎの毛。

そんな毛でツンツンと突かれても、

ほぼノーダメージ。

気にする人はほとんどいないはず。

つまり、ほんの少しという意味です。

兎に祭文

祭文とは、お祭りなどで神様を祀るときに読むもの。
つまりは神聖でとても大事なものなのですが、
それをうさぎに聞かせても意味がわからない、
という意味のことわざ。
「馬の耳に念仏」「犬に論語」と同じです。

兎の逆立ち

もしもうさぎが逆立ちをしたら……？
短い前足で逆立ちができるかどうかはさておいて、
きっと長い耳が地面にこすれて、とても痛そう。
「兎の逆立ち」は「耳が痛い」という意味のしゃれ。
お小言を言われると、うさぎが逆立ちしちゃうんですね。

兎の角、亀の毛

うさぎに雄鹿のような立派な角が生え、
亀の甲羅にフサフサの毛が生えていたら……。
きっとそれは現実にはあり得ないこと。
うさぎに角がないように、根拠のないことを話し合う
無益な議論を「兎角論(とかくろん)」とも言います。

兎の糞（ふん）

うさぎのフンは、丸くコロコロとしています。
フンがつながっていないことに、
物事が長続きしないことをたとえて「兎の糞」と言います。
ちなみに上の絵は、モールス信号のメッセージを
うさぎの体とフンで書いたもの。
なんて書いてあるでしょう？

（答えは143ページ）

烏兎怱怱（うとそうそう）

「烏兎」は太陽に住むカラスと、月に住むうさぎのこと。
「怱怱」は慌ただしいことを表す言葉。
太陽と月、すなわち日月（歳月）が慌ただしく過ぎていく、
あっという間に時が過ぎることを表します。
「光陰矢の如し」と同じです。

寒（かん）の兎か白鷺（しらさぎ）か

真っ白なもの、という意味。
日本の野山で見られるのは、
野生のニホンノウサギ。
ふだんは茶色い毛並みですが、
冬になると全身が真っ白な
毛に生えかわります。
冬はあたり一面に雪が降るため、
保護色になって
敵から身を守るのです。

兎耳（うさぎみみ）

長い長いうさぎの耳を見た昔の人は、人の耳より
いろんな音が聞こえるに違いない、と想像が膨らんだよう。
いつの間にかうさぎの耳は、
地獄耳という意味を持つようになりました。
人の秘密を上手に聞き出す人のことも指します。

兎は好きだば、苦木(にがき)も噛む

うさぎは苦い植物も好んで食べます。
苦い植物にはおなじみの桑から、
苦木という落葉性の樹もあります。
人にはそれぞれ好みがあり、
好きなものはさまざま。
「蓼(たで)食う虫も好き好き」と
同じ意味のことわざです。

株を守りて兎を待つ

昔からの習慣を頑なに守って、融通がきかないこと。
ある農民が、偶然切り株にぶつかって倒れたうさぎを
手に入れたことから、何もせず切り株のそばで
うさぎを待ち続けた故事からできたことわざです。
「待ちぼうけ」という童謡にもなりました。

二兎を追う者は
一兎も得ず

二羽のうさぎを同時に追いかけても、
どちらも手に入れることができません。
異なることを同時に二つ成し遂げようとしても、
どちらも遂げることができないという
戒めを込めたことわざ。
「虻蜂取らず」と同じです。

春の日に兎を釣るよう

春は冬からぐっと日が長くなり、心地よいあたたかさ。
そんな長い春の日に、
いつ現れるかわからないうさぎを待つ人をたとえたことわざ。
気の長いことを意味します。

鹿を追う者は兎を顧みず

大きな利益をあげようとする人は、
小さな利益は目もくれず問題にしないという意味。
似たことわざに「鹿を追ぅ者は山を見ず」もあります。
山の猟師たちにとって、鹿は特別な獲物で
まわりを見えなくさせてしまう動物のようです。

兎死すれば狐之(これ)を悲しむ

同類の死に直面して、
自分にも同じ運命が近づくことを感じて悲しむ、
という意味のことわざ。
仲間の不幸を近しい人が悲しんでいることを表します。
狐とうさぎは同じ野山に住む生き物。
同じ環境に住んでいるからこそ、
お互い感じるものがあるようです。

狡兎三窟（こうとさんくつ）

「狡兎」とは、すばしっこい
うさぎのことを表します。
うさぎは穴を三つ持っており、
危険が及んでもどれかの穴に
逃げ込んで助かるという意味。
いざというときに、
身を守る用意をして
おきましょうという
うさぎを見習った教えです。

貂(てん)になり兎になり

手を変え品を変え、あの手この手で
いろいろな策を講じて手段を尽くすこと。
「イタチになり貂になり」とも言います。
人にとっては貂になるのもうさぎになるのも、
どちらもかわいくて楽しそう。

鳶目兎耳（えんもくとじ）

空高く飛び、地上のどんなことも見逃さない

鳶（とび）のよく見える目と、

どんな音も聞き漏らさないうさぎの耳。

それらを兼ね備えた、

情報を集める能力が高い人のことを表します。

「飛耳長目（ひじちょうもく）」とも言います。

向こう山のうさぎに値をつける

まだ捕らえていない遠くの山に住むうさぎを
捕った後のことを考えている、
「捕らぬ狸の皮算用」と同じ意味のことわざです。
捕らえていない動物に対して利益を考えてしまう
ことわざは意外と多く、このほかにも
「飛ぶ鳥の献立」「穴のムジナを値段する」などがあります。

うさぎの分類学

うさぎと一言にいってもその種類はさまざま。
野生のうさぎとペットのうさぎの違いを、
分類学の視点で紹介します。

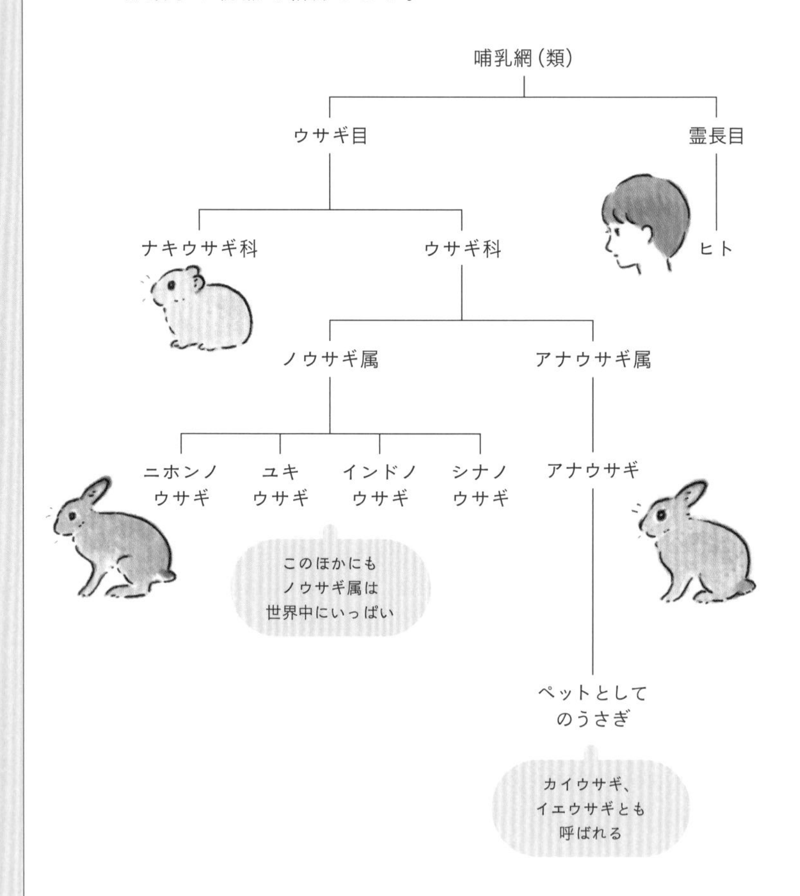

ノウサギとアナウサギの違い

Japanese hare
ニホンノウサギ

学　名：*Lepus brachyurus*

体　長：45～54㎝

生息地：日本

耳の先端に黒い体毛が生えており、大きな後ろ足が特徴。夏は褐色の毛並みですが、冬になると耳の先端を残して全身真っ白になります。繁殖時も巣穴は作らず、浅い窪地で暮らします。

European rabbit
アナウサギ

学　名：*Oryctolagus cuniculus*

体　長：35～50㎝

生息地：ヨーロッパ地域ほか

やや短い耳と、丸い体が特徴。現在ペットとして飼われているすべてのうさぎの祖先。繁殖時は土に穴を掘り、巣穴にします。原産はヨーロッパ南西部、アフリカ北西部。人の手で世界各地に移入されました。

この本に登場するうさぎについて

1章はペットとしてのうさぎ、2章では日本の野生のうさぎにまつわる言葉を紹介しました。3章では世界中のうさぎが登場します。特にノウサギ属は一番種類が多く、アフリカ大陸、アメリカ大陸、ユーラシア大陸のいずれにも存在し、地域ごとに独自の進化を遂げています。本書に登場するうさぎたちは、なじみ深いペットとしてのうさぎの姿ですが、それぞれの言葉の背景には、土地に根づいた野生のうさぎがいたはずです。言葉のモデルになったうさぎの姿を想像してみるのも一興です。

3 章

世界のうさことば

世界中に生息する、うさぎたち。
欧米やアジアだけでなく、
ロシア大陸やアフリカ大陸でも、
人々の暮らしのすぐそばにうさぎがいたことが
残された言葉から見えてきます。
さまざまな国や地域の言葉の中で生き続ける、
うさぎたちの伸びやかな姿をのぞいてみましょう。

良い人生のために、
犬のように働きなさい。
馬のように食べなさい。
狐のように考えなさい。
そして、
うさぎのように
遊びなさい。

"For a good life: Work like a dog.
Eat like a horse. Think like a fox.
And play like a rabbit."

——George Allen

アメリカンフットボールの
名コーチとして知られる、
ジョージ・アレンの残した名言。
このほかにも
数々の名言を残しています。
うさぎたちのようにのびのびと
過ごすことが人生で大事なんだと
気づかせてくれる言葉です。

うさぎは決して同じ場所で 2回捕まることはない

“A rabbit is never caught twice in the same place. ”

アメリカの古いことわざ。

同じ間違いは二度と起こらないという意味。

似たことわざに、“Lightning never strikes twice in the same place.”（雷は同じ場所に二度と落ちない）があります。

うさぎが逃げた後から、忠告が来る

“El conejo ido, el consejo venido.”

スペインのことわざ。
うさぎが逃げてしまったあとに、
その知らせが来ること。
つまり、「後の祭り」と
同じ意味のことわざです。

帽子からうさぎを取り出す

"pull a rabbit out of the hat"

この英語表現は、
「何もない帽子からうさぎを取り出す」という意味。
昔の手品師のマジックといえば、

黒いシルクハットからうさぎを出す姿が印象的でした。

実はこの言葉には、もうひとつ意味があります。

「思いがけない解決策を出すこと」や

「苦境から抜け出す策を見つけること」。

困りごとも、帽子の中からうさぎを出すように

うまくいくといいですね。

“Hase”（ハーゼ）

ドイツ語では恋人を呼ぶ愛称として、
うさぎという意味の“Hase”を使います。
ちょっと甘い感じで
「私のかわいいうさぎちゃん」と
いったところ。
ドイツではほかにも、
“Mausi”（ねずみちゃん）や
“Bär”（くまちゃん）、
“Spatzi”（すずめちゃん）なども
愛称として人気です。

“Mon lapin”（モン ラパン）

ドイツの隣国、フランスでも恋人を呼ぶときは
“Mon lapin”（私のかわいいうさぎちゃん）が使われます。
“Mon lapin”は大人のカップルや夫婦で、
小さいという意味の“petit”がつく“Mon petit lapin”は
さらに甘く、かわいいものや
赤ちゃんへの呼びかけにも使われます。

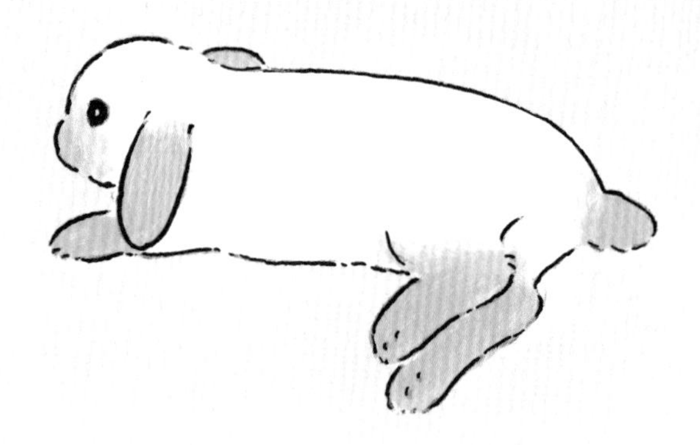

うさぎの足、うさぎの心臓

“Hasenfuß” / “Hasenherz”

どちらもドイツ語ではさっさと逃げ出す
臆病者や小心者という意味を表す言葉。
逃げ足の速いうさぎの足と、
小さくて慎重な心を指しているようです。

うさぎとハリネズミ

"Der Hase und der Igel"

ドイツで親しまれている、グリム童話のお話です。
日本ではイソップ物語の「うさぎとかめ」が
有名ですが（82ページ）、こちらはハリネズミが
夫婦で二人一役することでうさぎに勝つお話です。

蛇に出くわしてすくんでいるうさぎのよう

"wie das Kaninchen auf die Schlange starren"

ドイツのことわざ。うさぎはもちろん蛇が苦手。
「蛇ににらまれたカエル」と同じ意味のことわざです。
絵の中にある蛇と杖は、世界中で医療のシンボルとして
使われているもの。ギリシャ神話に出てくる
名医アスクレピオスの杖をかたどったものです。

心の中にうさぎが隠されている

“心里塞着个兔子”

中国のことわざ。

落ち着かない人を表すときに使われます。

胸がざわざわ、どきどきするのは、心の中に

ぴょんぴょん飛び跳ねるうさぎが隠れているから。

でもうさぎ好きなら、かえって心強いのかも？

兎起鶻落（ときこつらく）

“兔起鹘落”

中国の言葉。
うさぎが速く走り、ハヤブサが急降下して獲物を捕らえるように動作がすばやいという意味。
これが転じて、書画や文章の勢いがあることをたとえる際に使われる言葉です。
日本でも四字熟語として使われています。

正直に進めば、
牛車でうさぎに追いつく

“Үнэнээр явбал, Үхэр тэргээр туулай гүйцнэ.”

モンゴルのことわざ。

人は正直に歩んでいけば、いつかは必ず

目的に達することができるという意味がこめられています。

「うさぎとかめ」のモンゴル版のようなことわざです。

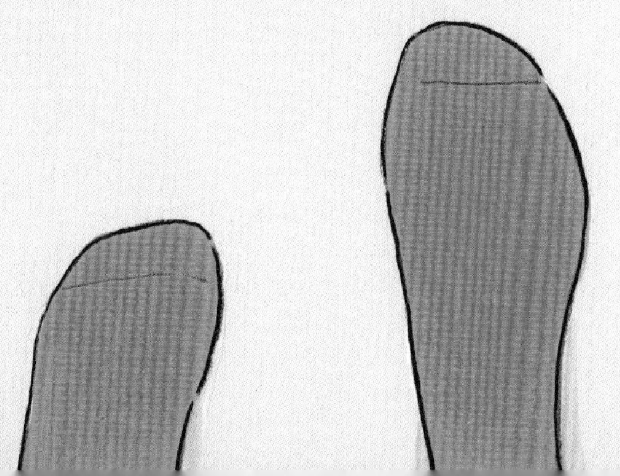

うさぎになって旅をする

"Matkustaa jäniksenä."

フィンランドのことわざ。
「チケットを買わずに旅行をする」
という意味。
うさぎが二本足で立っても
改札で目立たず、
誰にも気づかれぬままに
無料で旅行できてしまいそうな
印象から生まれたことわざです。

うさぎのひとはね

"на заячий скік"

ウクライナの慣用表現。
ほんのちょっぴりという意味。
けれど、実際にはうさぎは
約1メートルのジャンプができる
という記録が残っています。
小さな体に比べると
大きなジャンプ力。
うさ飼いさんの間では、
少し印象が異なる
言葉になるのかもしれません。

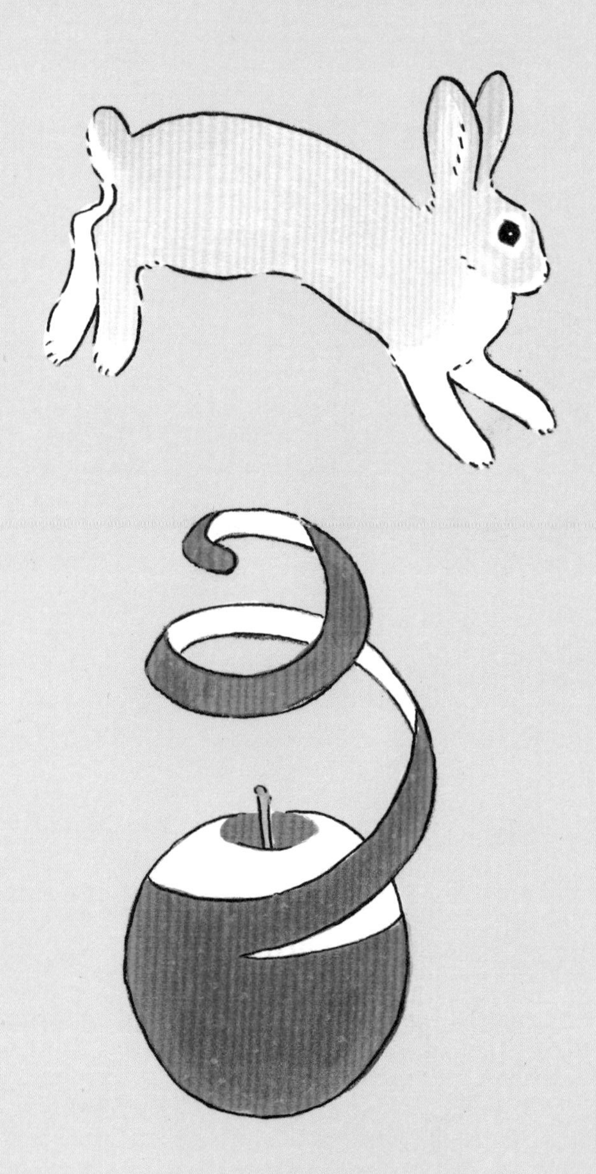

三本の足で立っているうさぎ

“ยืนกระต่ายสามขา”

タイのことわざ。その昔、ある寺男が住職に
うさぎの丸焼きを用意しました。ところがあまりにも
おいしそうなので、足を1本食べてしまいます。
住職に問い詰められても、このうさぎはもともと足が
三本しかなかったと言い張ったことから、自分の意見や
考えを主張して譲らないという意味で使われます。

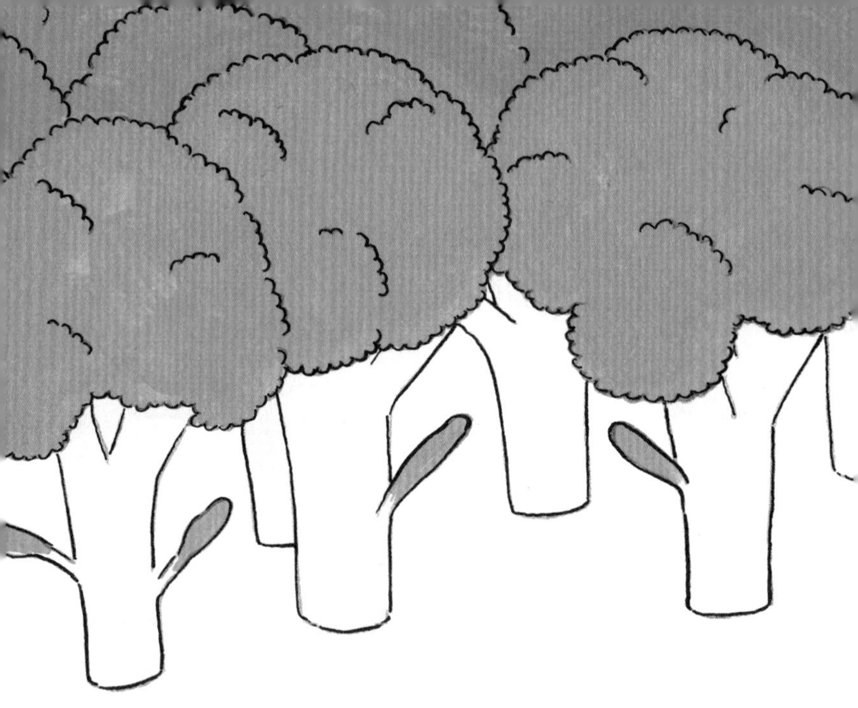

仕事はうさぎじゃない、
逃げやしない

"Robota nie zając, nie ucieknie."

ポーランドのことわざ。
仕事はうさぎのように走っていなくなったりしないので、
いつでも間に合う。
人生において優先順位はそれほど高くない、
という意味。
もとはロシアのことわざ
「仕事は狼じゃない、森に逃げ込みやしない」
から伝わったようです。

よその町では象がうさぎになる

"Giwa a wani gari zomo ne."

アフリカのハウサ語のことわざ。
違う土地に行って環境が変化すると、
本来持っている力もなかなか発揮できないことを
たとえたことわざ。
日本語の「借りてきた猫のよう」に近い意味です。

うさぎはいつも
自分の巣に戻ってくる

“The hare always returns to her form.”

ヨーロッパのことわざ。
うさぎが自分の巣穴を決して間違えないことを、
どんな人も幼い頃に過ごした土地へ
帰りたくなることになぞらえています。

うさぎは
思いもよらない
ところから出てくる

"Donde menos se piensa, salta la liebre."

野生のうさぎは茂みや藪など、
思いがけないところから
飛び出してくるもの。
それと同じように、
チャンスも急にやってくるという意味。
スペインをはじめ、
ヨーロッパで使われることわざです。

うさぎが山に腹を立てても山は知らず

"Tavşan dağa küsmüş dağın haberi yok."

トルコのことわざ。

どんなにうさぎが怒っても、大きな山は気にしません。

同じ意味の日本語のことわざに

「ごまめの歯ぎしり」「石亀の地団駄」があります。

力のないものが怒ったり

悔しがることのたとえとして使われることわざです。

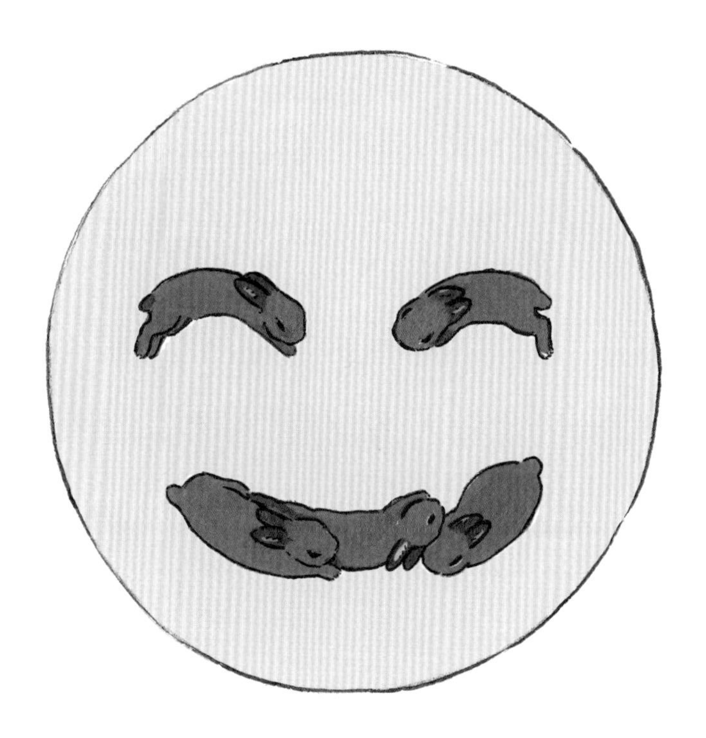

うさぎの笑い

“risa de conejo”

スペイン語では「作り笑い」のことを
「うさぎの笑い」という言葉で表現します。
ちなみに、「嘘泣き」は「ワニの涙（“lágrimas de crocodilo”）」。
ほかの国とはひと味違う、
シニカルなスペインの言葉です。

うさぎが自分のおならに驚く

“토끼가 제 방귀에 놀란다”

韓国のことわざ。

うさぎが自分でしたおならの音に驚く、つまり、

ささいなことにおどおどして驚いたり、

こっそりやった悪事が心配で

びくびくする様子をたとえた言葉です。

うさぎを置かれた

"poser un lapin"

フランスの言い回し。

「だれかの目の前にうさぎを置く」という意味。

目の前にうさぎを置かれるなんてすてきなことですが、

意味は「約束をすっぽかす」。

「昨日、彼にうさぎを置かれた！」という風に使います。

うさぎはアロームを食べるとき、オウムに感謝しなければならない

“Bu lëg lekkee aloom, na ko gërëme coy.”

セネガルのことわざ。
何かを楽しむときは、それを可能にしてくれた人に
感謝をしなければならないという意味のことわざ。
アロームとはアフリカにあるフルーツのこと。
オウムがうさぎにアロームを食べる機会をくれたようです。

うさぎは走ることはできるが
鞍を乗せることはできない

"Lëg mën naa daw, waaye àttanul teg. "

セネガルのことわざ。

走るのが速いうさぎですが、馬のように鞍をつけて

人を乗せることはできません。

誰もが自分の限界を持っていることを表すことわざです。

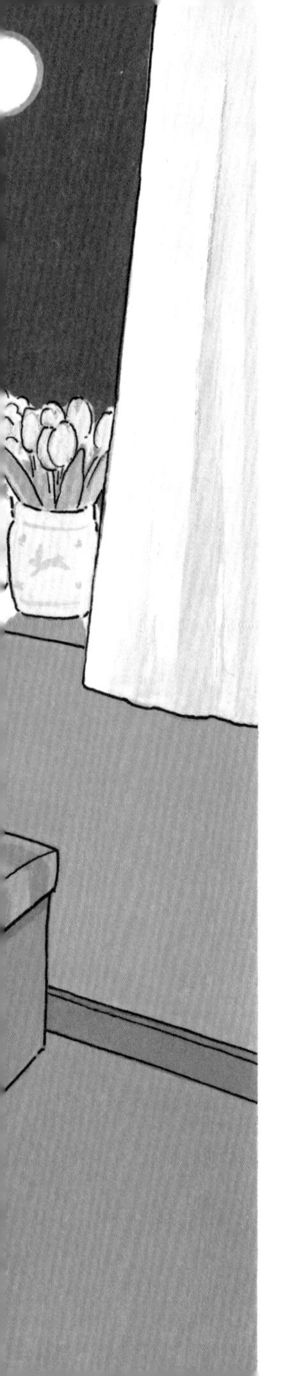

春の夜はうさぎの尻尾

"Весенние ночи с заячий хвост."

コミ共和国のことわざ。
春の夜は、うさぎの尻尾のように
短くてあっという間に
過ぎてしまうという意味。
秋の夜にも言い換えて使われます。

うさことば辞典　五十音順索引

参考文献

"A Polyglot of Foreign Proverbs"Henry George Bohn, Arkose Press (2015) / "Introductory Hausa" Charles H. Kraft, Marguerite G. Kraft, Univ of California Pr (2018) / "The Wordsworth Dictionary of Sayings Usual & Unusual" Rodney Dale, Wordsworth Editions (2007) / "Wisdom of the Wolof Sages" Dr. Richard Shawyer (2009) /『アメリカン・フットボール百科ー勝利への戦略と技術ー』/ジョージ・アレン、ダン・ワイスコップ, ベースボール・マガジン社(1976) /『いちばんよくわかる!ウサギの飼い方・暮らし方』監修:町田修, 成美堂出版(2019) /『ウサギ学ー隠れることと逃げることの生物学』山田文雄, 東京大学出版会(2017) /「ウサギにまつわる日中諺の対照比較考察」王雪、浮田三郎, 広島大学国際センター紀要2号(2012) /『うさ語辞典』監修:中山ますみ, 学研プラス(2017) /『園芸植物大事典』塚本洋太郎, 小学館(1994) /『おもしろい多肉植物350』長田研, 家の光協会(2015) /『現代スペイン語辞典』白水社(1999) /『広辞苑　第七版』岩波書店(2018) /「諺・民話等にみるモンゴル人の家畜観」鯉淵信一, アジア研究所紀要(8)(1981) /『辞書から消えたことわざ』時田昌瑞, KADOKAWA (2018) /『新うさぎの品種大図鑑』町田修, 誠文堂新光社(2014) /『新版　星と星座』監修:渡部潤一、出雲 晶子, 小学館(2020) /『世界ことわざ辞典』北村孝一, 東京堂出版(1987) /『世界ことわざ大事典』柴田武、谷川俊太郎、矢川澄子, 大修館書店(1995) /『世界動物大図鑑』デイヴィッド・バーニー、日高敏隆, ネコ・パブリッシング(2004) /『世界の多肉植物3070種』佐藤勉, 主婦の友社(2019) /『世界哺乳類図鑑』ジュリエット クラットン=ブロック, 新樹社(2005) /『タイ語のことわざ・慣用句』シリラック シリマーチャン、大滝ミナ子, めこん社(2018) /『多肉植物全書』パワポン・スパナンタナーノン、チャニン・トーラット、ピッチャヤ・ワッチャジッタパン, グラフィック社(2019) /『誰も知らない世界のことわざ』エラ・フランシス・サンダース, 創元社(2016) /『ドイツ語ことわざ辞典』山川丈平, 白水社(1975) /『動植物ことわざ辞典』高橋秀治, 東京堂出版(1997) /『捕らぬ狸は皮算用?』亜細亜大学ことわざ比較研究プロジェクト, 白帝社(2003) /「日独イディオム比較・対照ー動物名を構成要素とするイディオム表現」かいろす42号, 植田康成(2004) /『フランスことわざ名言辞典』渡辺高明、田中貞夫, 白水社(1995) /『ミニマムで学ぶ　スペイン語のことわざ』星野弥生, クレス出版(2019) /『モンゴル語ことわざ用法辞典』塩谷茂樹、E.プレブジャブ, 大学書林(2006)

協力

- 北村孝一(ことわざ学会)
- 長井市教育委員会
- 山本茉莉

88ページの答え
うさぎ

・・ー　(う)
ー・ー・ー　(さ)
ー・ー・・　・・　(ぎ)

森山標子（もりやま　しなこ）

イラストレーター。福島県在住。2016年ごろからうさぎイラストレーターとして活動。雑誌や書籍、絵本などの挿し絵を手がける。主な著書に『ねむねむ　こうさぎ』『こうさぎ　ぽーん』（文・麦田あつこ、ブロンズ新社）などがある。

@schinako

ブックデザイン　室田　潤（細山田デザイン事務所）
編集・文　荻生　彩（グラフィック社）

うさことば辞典

2021年6月25日　初版第1刷発行
2021年7月25日　初版第2刷発行

絵　森山標子

編者　グラフィック社編集部

発行所　株式会社グラフィック社
〒102-0073
東京都千代田区九段北1-14-17
TEL　03-3263-4318（代表）
FAX　03-3263-5297
振替　00130-6-114345
http://www.graphicsha.co.jp/

印刷・製本　図書印刷株式会社

ISBN 978-4-7661-3462-9　C0076